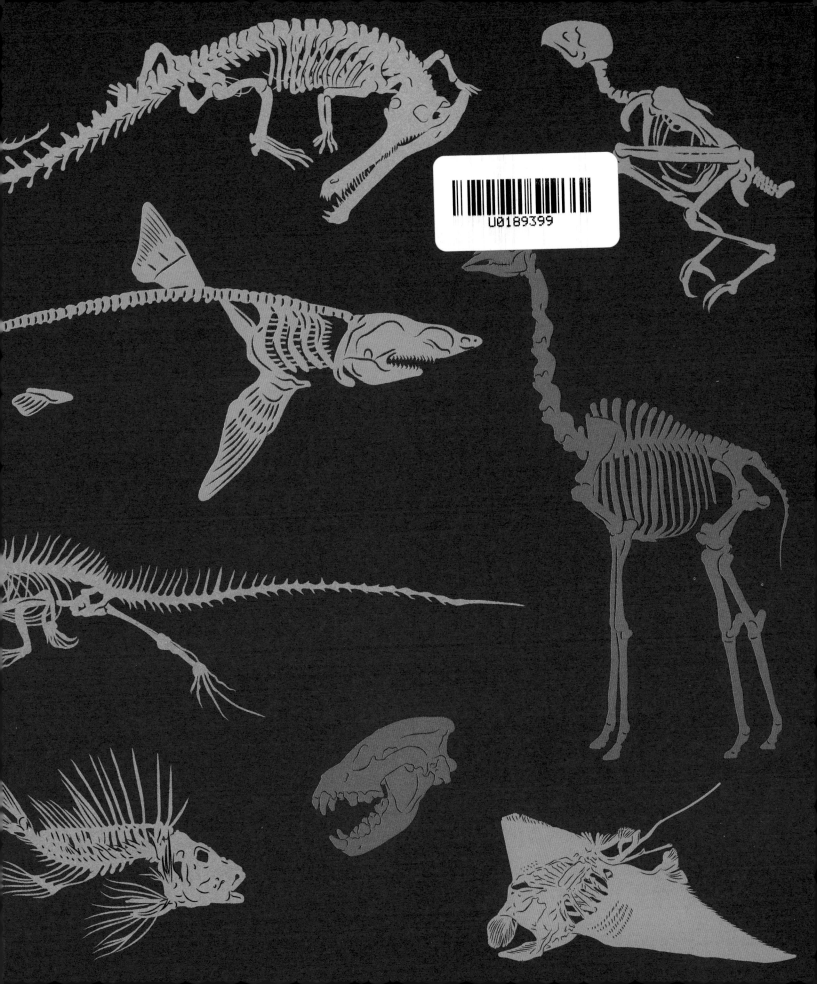

多姿多彩的脊椎动物

[捷克]玛丽·科塔索娃·亚当科娃　[捷克]汤姆·维尔科夫斯基◎著
[捷克]巴博拉·伊德索娃◎绘
马灏◎译

科学普及出版社
·北 京·

地球上的动物种类十分丰富，现存物种大约有 150 万种，这还不包括那些未被人类发现的物种，以及已经灭绝的物种。

为了使我们更好理解，科学家对动物进行了分类。其中较大的一个类别就是脊椎动物。脊椎动物的身体结构中必须要有骨架，而且这个骨架必须有头骨和脊柱。

很多动物都属于脊椎动物，人类也是。你只需轻轻拍一下脑袋，就能感觉到头骨的存在。在生活中，如果有人说脖子痛或者腰疼，这种疼痛十分有可能来自他的脊柱。脊柱由椎骨组成，错误的动作会让椎骨产生疼痛。

人类属于哺乳动物，哺乳动物就是用乳汁喂养幼崽的动物。除哺乳类之外，脊椎动物还包括鸟类、爬行类、两栖类、鱼类（包括硬骨鱼和软骨鱼）以及最原始的圆口类。软骨鱼的骨架主要由软骨构成，但依然是脊椎动物。软骨鱼已经在地球上存在 4 亿多年了，称得上是脊椎动物中的元老。当鱼类出现的时候，地球还是一片汪洋，简直不可思议！

鱼虽然来自海洋，但现在江河湖泊中都有它们的身影，有些还生活在鱼缸和水族馆里。两栖类和爬行类自由自在地生活在水中、陆地和地下；鸟类和哺乳类不仅可以生活在水中、陆地和地下，有些还可以在空中飞行。这几类动物的共同点是需要氧气才能生存。当然，为了整个物种的生存和繁衍，食物是必不可少的。

对于人类，我们多少有所了解，就不再啰唆了，这里只关注人类之外的其他脊椎动物，探索它们的习性和本领。如果你还有关于脊椎动物的问题，那就向你的爸爸妈妈或老师求助吧！

软骨鱼

软骨鱼大多生活在海洋中，只有少数能生活在淡水里（比如江河）。软骨鱼和其他鱼类一样都有头、躯干和鳍，不同的是，软骨鱼的骨架是由软骨组成的，而其他鱼类的骨架是由硬骨组成的，但这点从表面上看不出来。

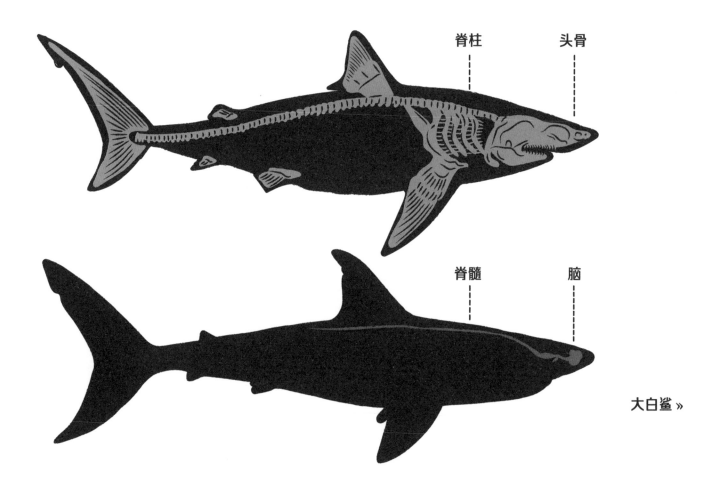

脊柱　　　　头骨

脊髓　　　　脑

大白鲨 »

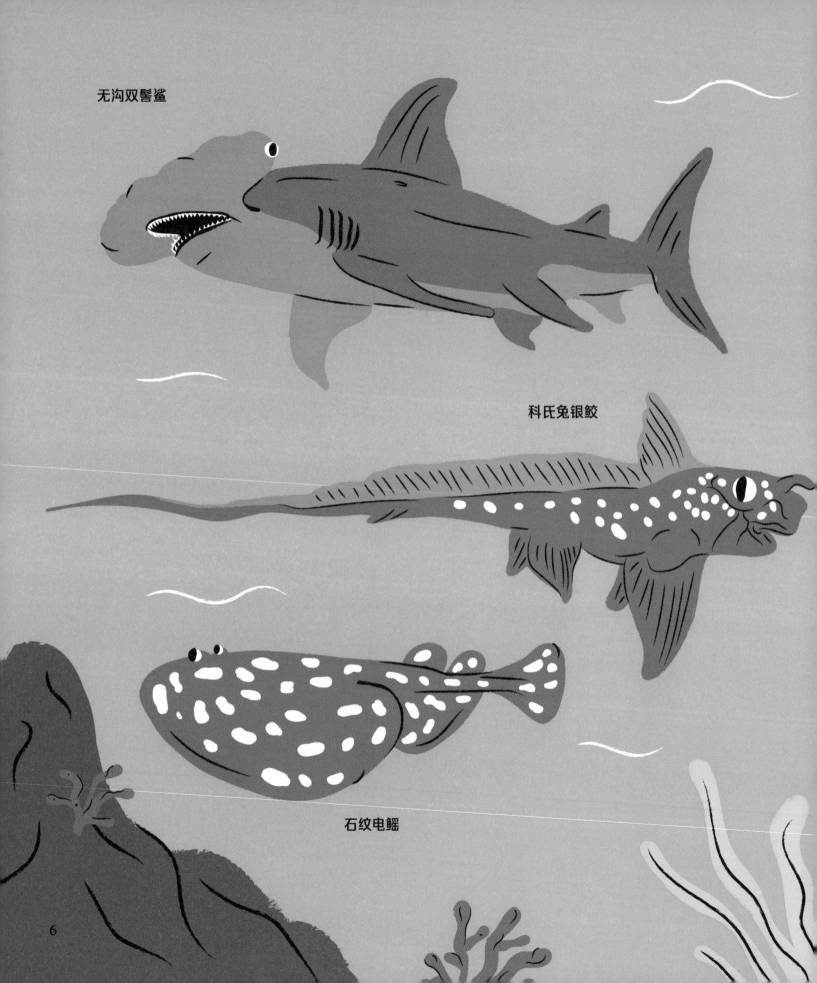

无沟双髻鲨

科氏兔银鲛

石纹电鳐

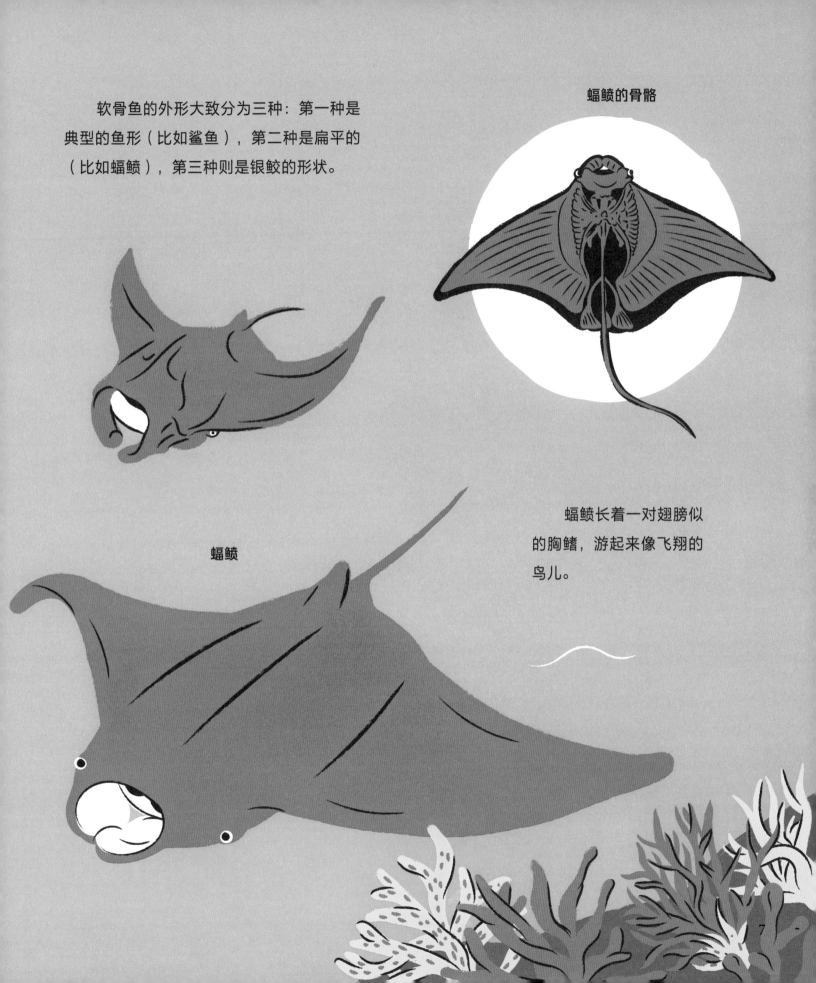

软骨鱼的外形大致分为三种：第一种是典型的鱼形（比如鲨鱼），第二种是扁平的（比如蝠鲼），第三种则是银鲛的形状。

蝠鲼的骨骼

蝠鲼

蝠鲼长着一对翅膀似的胸鳍，游起来像飞翔的鸟儿。

软骨鱼身体表面有坚硬的鱼鳞，这些鳞片叫作盾鳞，其结构和人类牙齿相似。它们保护着鱼的皮肤。如果用手从软骨鱼的头部向后抚摸鱼鳞，你会感到非常顺滑，反之则会感觉有些粗糙。

鲨鱼是捕猎高手。它们虽然视力不佳，可听觉和嗅觉却异常敏锐，能发现几千米以外的猎物。鲨鱼还拥有一种令人惊叹的皮肤感觉器官，叫作罗伦氏壶腹（如右图所示），它能帮助鲨鱼捕捉到猎物发出的极其微弱的电信号。此外，鲨鱼身体上的侧线也能帮助它们感知水流的速度和深浅等。

侧线

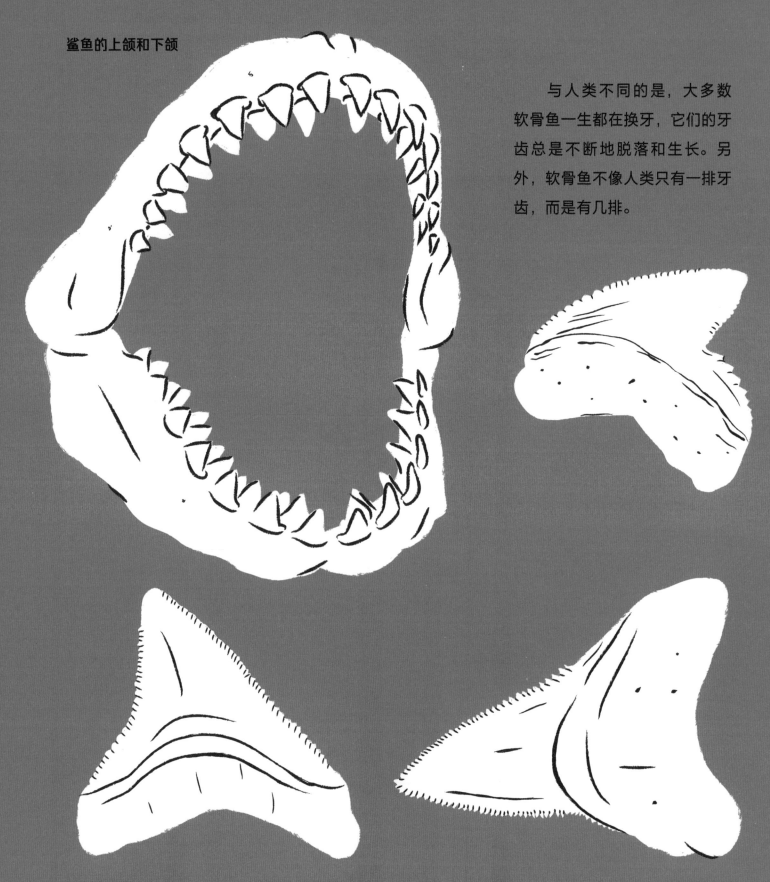

鲨鱼的上颌和下颌

与人类不同的是，大多数软骨鱼一生都在换牙，它们的牙齿总是不断地脱落和生长。另外，软骨鱼不像人类只有一排牙齿，而是有几排。

鲨鱼肠内的螺旋瓣

虽然鲨鱼的肠道比我们的短很多，但它们的肠道内有一个特殊的螺旋瓣结构，可以延长食物在肠道中停留的时间，帮助它们更好地消化食物。

鲨鱼的肠道末端还有一个专门的腺体，帮助鲨鱼排出身体内多余的盐分，维持体内水盐平衡。

鲨鱼的鳃

软骨鱼是用鳃呼吸的。它们在水中游动时，水不停地流过鱼鳃，鳃就像筛子一样"收集"水中的氧气。

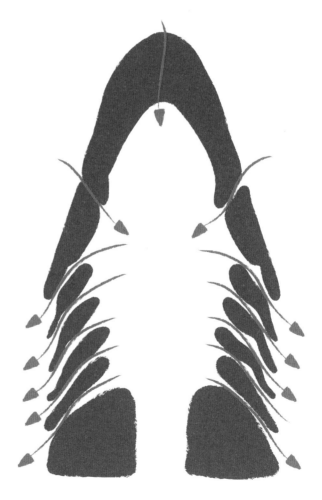

软骨鱼呼吸的过程

形状不同的鲨鱼卵

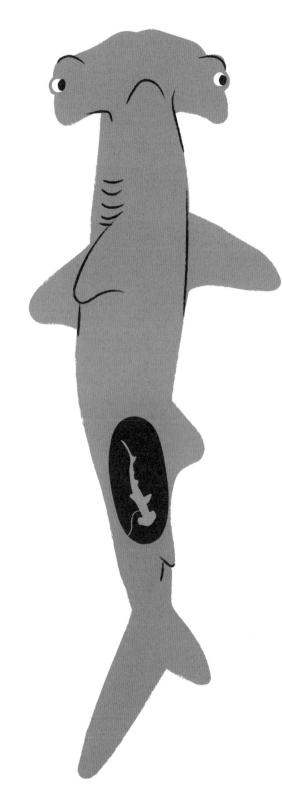

雌性无沟双髻鲨

　　软骨鱼繁殖后代的方式各不相同，有的将卵排出体外，卵再孵化成小鱼；有的会直接生下已经发育成形的鱼宝宝。

电鳐与其他软骨鱼的捕食方式
不同，它们会释放电流，击晕猎物，
然后再将猎物整个吞下去。

电鳐

硬骨鱼

大多数鱼都是硬骨鱼。它们除了生活在海洋中，还生活在河流、湖泊和池塘等淡水中。像软骨鱼一样，硬骨鱼也有头、躯干和鳍，但不同的是硬骨鱼没法按形状来分类，因为它们的外形多种多样，差别极大，比如，有着侧扁形身体的翻车鱼和有着长长圆筒状身体的海鳗。

翻车鱼的骨架

海鳗的骨架

海鳗

翻车鱼

鮟鱇

翱翔蓑鲉

剑鱼

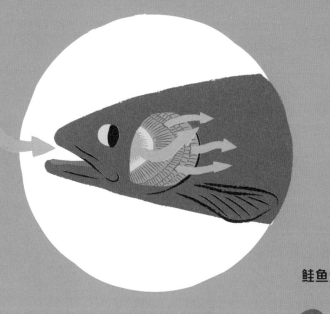

硬骨鱼通过鳃吸收水中的氧气。水从鱼嘴流入，从鳃中流出，氧气则被留在鱼的鳃里。不同的是它们的鳃不像软骨鱼那样裸露在外，而是有一个鳃盖保护。

鲑鱼通过鳃呼吸

狗鱼

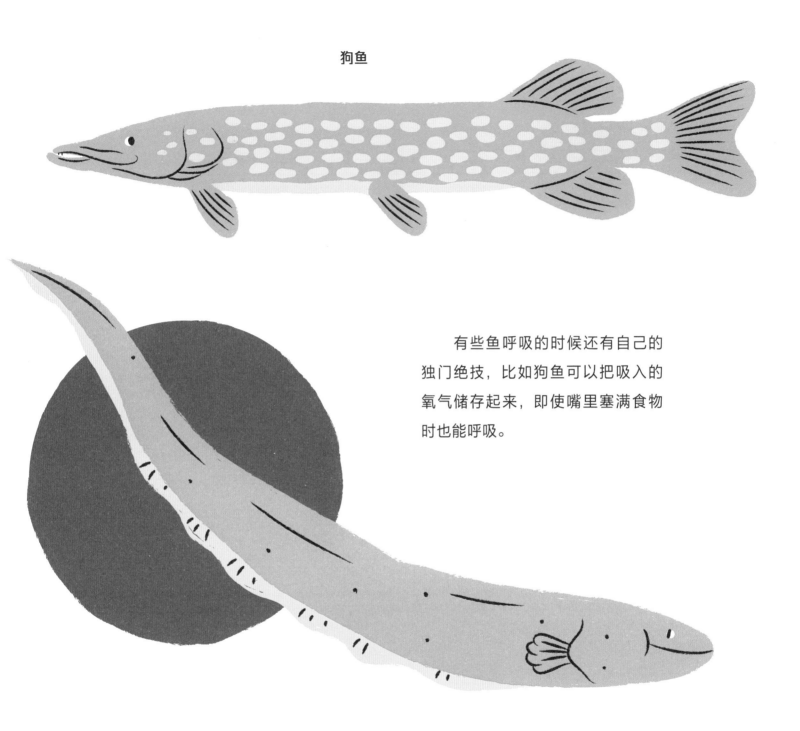

有些鱼呼吸的时候还有自己的
独门绝技，比如狗鱼可以把吸入的
氧气储存起来，即使嘴里塞满食物
时也能呼吸。

鳗鲡除了鳃，还可以用皮肤呼吸，
它能在岸上连续待好几个小时。当然，
鳗鲡必须在身体干燥之前回到水里。

欧洲鳗鲡

17

这个小家伙叫迷鳃鱼，因为它的鳃上有一个辅助的呼吸器官，其内部结构长得像迷宫一样，被称为迷鳃。迷鳃鱼离开水时，可以通过迷鳃在空气中呼吸。

形似迷宫的迷鳃

暹罗斗鱼是迷鳃鱼的一种

侧线

硬骨鱼长有敏感的触须，可以用来感知水温。硬骨鱼与软骨鱼一样，用侧线来感知水流的变化。虽然硬骨鱼的耳朵是隐藏在身体里面的，但它们能听到声音。硬骨鱼还能分辨颜色，它们的眼睛里有一种液体，这种液体可以帮助它们看清水下世界，就像潜水的人戴上了潜水镜。

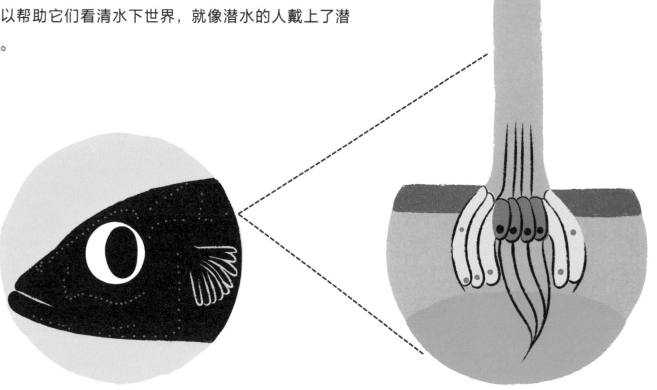

触须的位置

触须

19

显微镜下硬骨鱼的皮肤

　　我们最好不要用手去摸鱼，倒不是因为鱼又滑又黏，而是因为我们这样做会对它们造成伤害。鱼身体表面黏糊糊的，是因为鱼皮肤里的腺体会分泌一种黏液，黏液可以保护敏感的皮肤免受伤害和细菌的侵害，同时，也能让它们从捕鱼者的手中轻松溜走。

　　鱼身上的鳞片也能起到类似的保护作用。不同种类的鱼有不同形状的鳞片，鳞片上的纹路也各不相同，但这些纹路都会随着鱼的生长而增长，就像树的年轮一样，这可以帮助我们判断鱼的年龄。

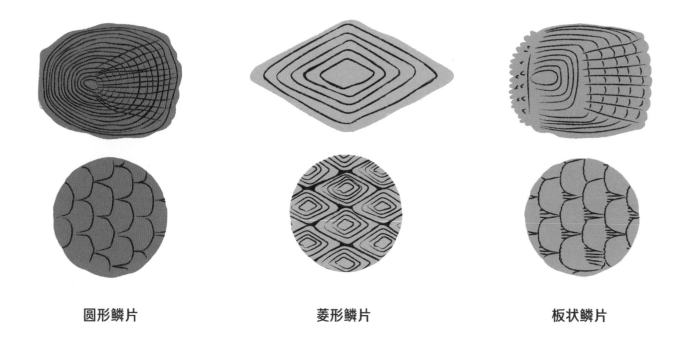

圆形鳞片　　　　　　　　菱形鳞片　　　　　　　　板状鳞片

硬骨鱼的产卵方式也是各有不同。有些鱼直接把卵产到水里，有些鱼把卵产在海底的石头或者植物上。一段时间后，一条条小鱼便破卵而出，开始了它们的"鱼生"。

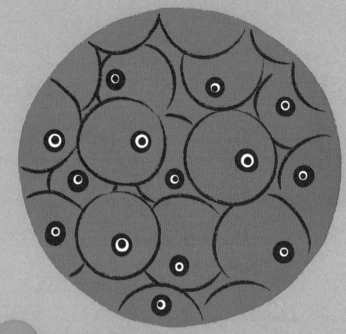

水中的鱼卵

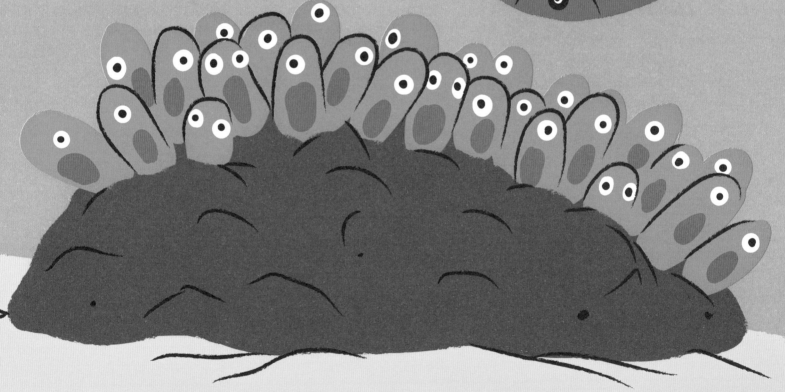

粘在石头上的鱼卵

大多数硬骨鱼都是体外受精，但是海马不一样：海马妈妈把卵排到海马爸爸的育儿袋里，海马爸爸负责孕育，直到小海马发育成形，海马爸爸才会把它们喷射到海水中。

雄性海马

斗鱼和它的泡巢

能在空气中呼吸并不是迷鳃鱼的唯一奇特之处，它们还能用唾液修筑泡巢。雌鱼产下卵后，雄鱼将鱼卵衔回泡巢，粘在一起，排列好，看起来像一个漂浮的鸟巢。

鳑鲏会小心翼翼地保护自己的鱼卵，它们通常会用一根产卵管将卵产在河蚌的壳里藏起来。

鳑鲏正在产卵

23

林蛙

两栖动物

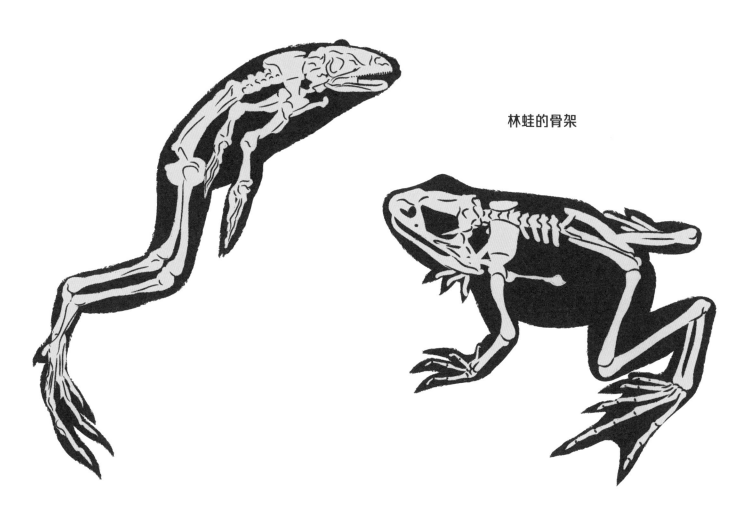

林蛙的骨架

　　我们经常在陆地上看到两栖动物，但很少在陆地上看到它们的小宝宝，因为它们的宝宝都待在淡水里，这就是两栖动物的特别之处。如果你寻找两栖动物，不要去海边，因为它们只生活在淡水里。蛙就是一种常见的两栖动物，它们后腿强健，弹跳力惊人。

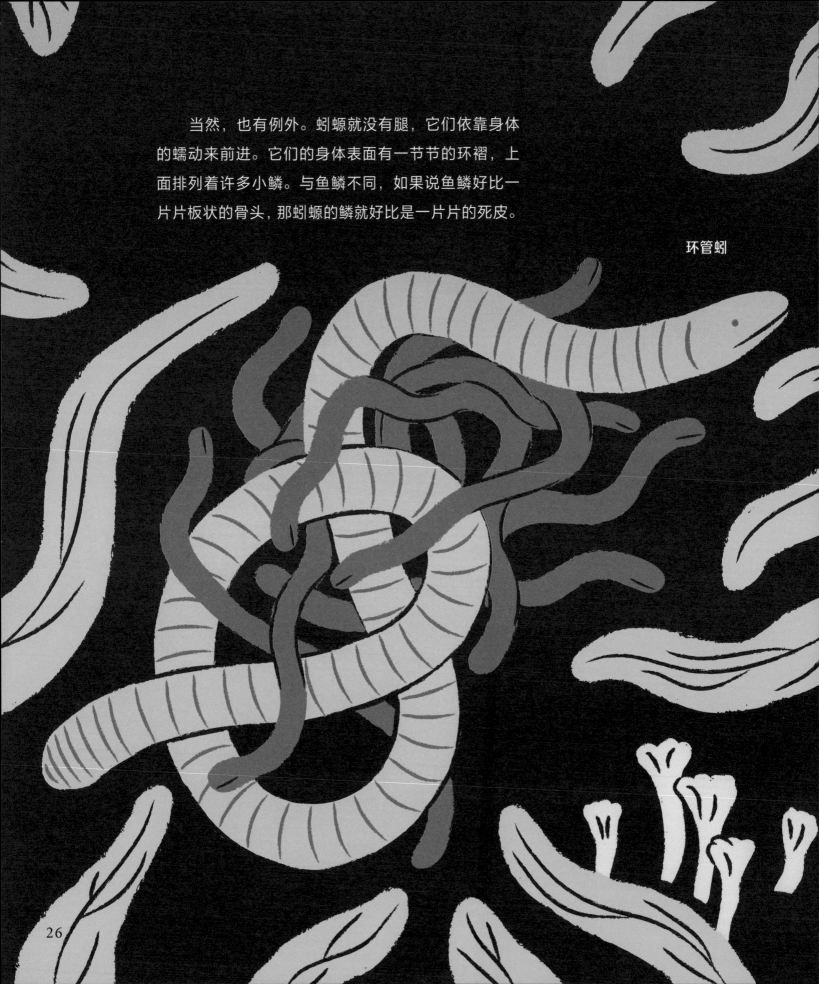

当然，也有例外。蚓螈就没有腿，它们依靠身体的蠕动来前进。它们的身体表面有一节节的环褶，上面排列着许多小鳞。与鱼鳞不同，如果说鱼鳞好比一片片板状的骨头，那蚓螈的鳞就好比是一片片的死皮。

环管蚓

除了蚓螈之外，其他两栖动物都没有鳞。大多数两栖动物的前肢有四个指，后肢有五个趾。它们有的趾间有蹼，可以在游泳时发挥作用；有的后腿强壮有力，擅长跳跃。有些生活在树上的蛙趾间长着很宽的蹼膜，当它们跳跃时，趾间的蹼会像帆一样迎风张开，帮助它们从一棵树上从容地"飞"到另一棵树上。

飞蛙

两栖动物可以通过光滑的皮肤来吸收水分和空气中的氧气。它们的皮肤会定期脱落并长出新的。它们有丰富的皮下腺体，能分泌黏液，帮助皮肤保持湿润。

显微镜下的皮下腺体

真螈

箭毒蛙

真螈和箭毒蛙的皮肤里有毒液腺。有些真螈的毒液只会让人感到刺痛，但箭毒蛙的毒液却能置人于死地。不过不用担心，有剧毒的箭毒蛙一般生活在热带雨林里，它们的颜色鲜艳夺目，很容易辨认。如果你发现了它们，完全有时间逃离。

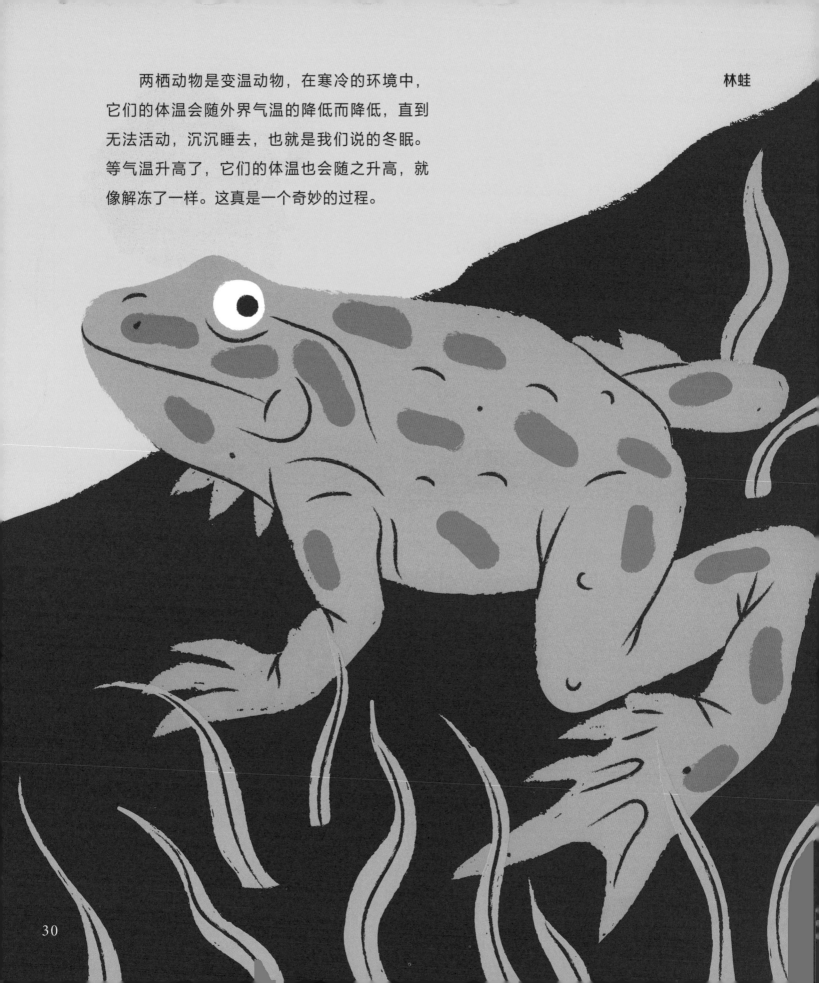

两栖动物是变温动物，在寒冷的环境中，它们的体温会随外界气温的降低而降低，直到无法活动，沉沉睡去，也就是我们说的冬眠。等气温升高了，它们的体温也会随之升高，就像解冻了一样。这真是一个奇妙的过程。

林蛙

冬眠的林蛙

两栖动物会分辨颜色，而且视力也不错。有些蛙的头顶上还有第三只眼睛，叫作顶眼。这只顶眼虽然不能分辨颜色，但可以感知光的强弱。

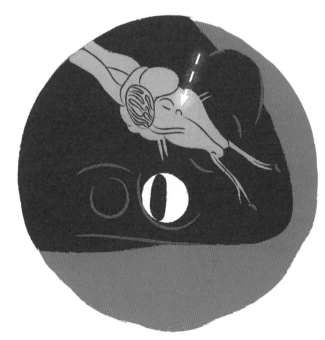

顶眼将信息传到脑部

墨西哥钝口螈的外腮

两栖动物小时候在水中生活，它们用鳃呼吸。成年后，它们离开水，通过肺和皮肤呼吸。但墨西哥钝口螈一生都生活在水中，它们的鳃像胡须一样，长在身体外面，也叫外鳃，和鱼的鳃完全不同。

墨西哥钝口螈

红眼树蛙

你听过雨后蛙的叫声吗？有没有想过，为什么这些小家伙在雨后叫得格外响亮？这些叫声是雄蛙发出的，它们在呼唤雌蛙前来产卵，因为卵需要在水中或潮湿的环境里孵化，所以雨后对于雄蛙来说是很好的求偶时机。

蛙的鸣囊起到了扩音的作用

两栖动物把卵产在水里，幼体会从卵中孵化出来。蛙的幼体叫蝌蚪，蝌蚪生活在水里，成年后就能离开水到陆地上生活，尾巴也会随之消失。

两栖动物中的墨西哥钝口螈有一种"特异功能"，它们的腿或者尾巴断了之后可以再生。另外，它们还长着一张可爱的"娃娃脸"，和蛙类从蝌蚪变成青蛙不一样，它们长大后也会保持小时候的幼体形态。

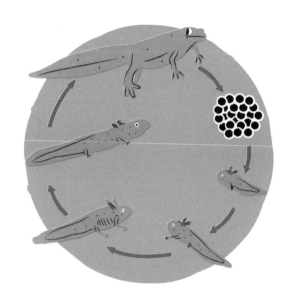

蝾螈妈妈在水里产卵，蝾螈的卵在水里孵化。在小蝾螈眼前漂浮的各种东西，甚至是其他的蝾螈宝宝，都能成为它们的食物。三个月后，它们长成了成年蝾螈的样子。它们三年后成年，就可以繁殖后代了。野生的蝾螈能活20年，而养殖的蝾螈甚至能活50年。

蛙的发育过程和蝾螈相似：蛙将卵产在水中。两周后，蝌蚪孵化出来了，一开始，它们吃水中漂浮的食物，等到长出四肢、尾巴消失后，就变为成年蛙的样子了，三岁就可以生宝宝了。

蝾螈爸爸

蝾螈妈妈

蝾螈宝宝

两栖动物的舌头是黏糊糊的，大多数都可以从嘴里向外弹射很远，来捕食它们爱吃的虫子。

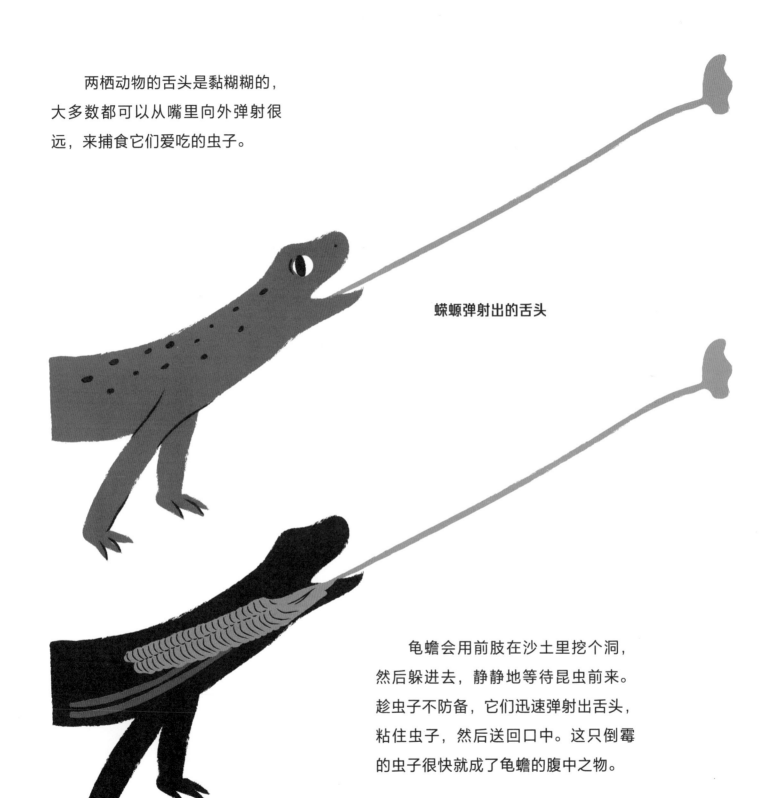

蝾螈弹射出的舌头

龟蟾会用前肢在沙土里挖个洞，然后躲进去，静静地等待昆虫前来。趁虫子不防备，它们迅速弹射出舌头，粘住虫子，然后送回口中。这只倒霉的虫子很快就成了龟蟾的腹中之物。

龟蟾

爬行动物

爬行动物是最早适应陆地生活的脊椎动物，但也有少数爬行动物孵化后回到水中生活。大多数爬行动物在陆地上产卵，它们的卵更适合在干燥的环境中孵化。爬行动物和两栖动物一样属于变温动物。许多爬行动物的爪子上有五个趾。蛇也是爬行动物，它们虽然没有腿，但能依靠腹部在地上爬行。

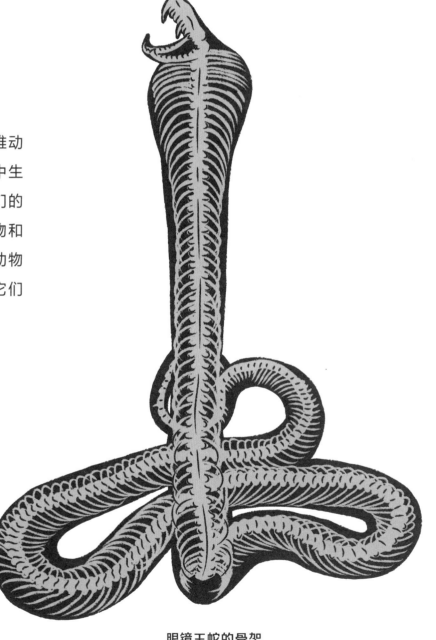

《 眼镜王蛇

眼镜王蛇的骨架

爬行动物形态各异，多种多样，既有长达七米的鳄，也有小如硬币的变色龙。根据外形的不同，我们把爬行动物分为蜥蜴形的（有四条腿、一根尾巴）、蛇形的（无腿）和龟形的（身背甲壳）。

象龟

扁尾海蛇

虽然海蛇生活在水里，但它们和我们一样是
用肺呼吸的，需要不时地浮出水面呼吸。

41

滑翔的飞蜥

飞蜥的骨架

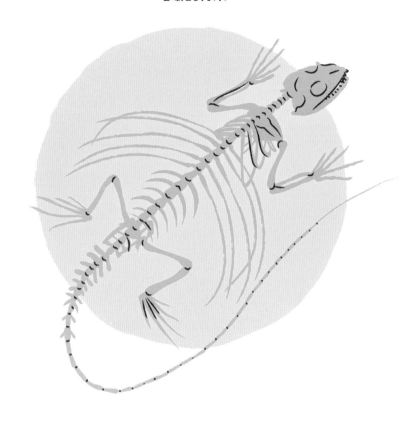

飞蜥是地球上仅存的可以滑翔的爬行动物。飞蜥并不是用翅膀，而是用身体两侧的翼膜滑翔：它们从树上跳下，展开翼膜，像风筝一样在空中滑翔。冠蜥虽然不会滑翔，但它们可以利用其构造独特的后肢在水面上奔跑。

双嵴冠蜥

食鱼鳄

食鱼鳄也叫恒河鳄、长吻鳄，是河中的游泳健将。它们虽然四肢短小，但脚上有蹼，非常适合划水。它们有灵活的长尾巴，尾部末端扁平，可以当桨来用。它们的皮肤也非常有利于快速游动。但食鱼鳄不擅爬行，所以很少上岸活动。

棘蜥的名字源于它浑身荆棘一样的尖刺。有了这些棘刺的保护，别的动物就不敢吃它了。

棘蜥

很多蜥蜴的皮肤都是凹凸不平的，而且每隔一段时间就要缓慢地蜕掉一些皮。同样是爬行动物的蛇，可以一次蜕下一整张皮，它们蜕下的皮就像一条空而透明的蛇一样。

显微镜下爬行动物的皮肤

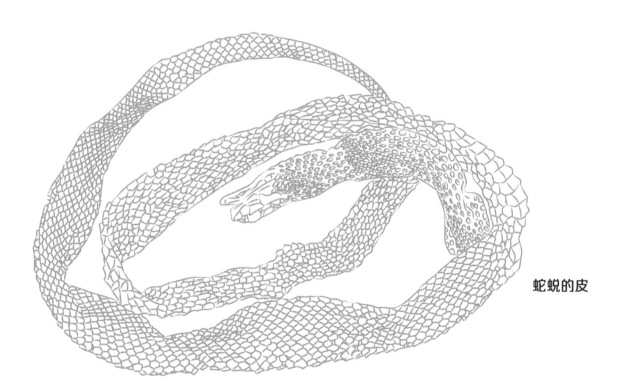

蛇蜕的皮

变色龙有一项不可思议的本领。它们皮肤的颜色会随着情绪的变化而变化。它们也会根据周围的环境而变色，来隐蔽自己。

« 豹纹变色龙

壁虎的脚上有吸盘，爬树的时候可以吸附在树干上。

爬行动物中仅有壁虎、海龟和鳄会发出声音。有的壁虎的叫声听起来像狗吠声。

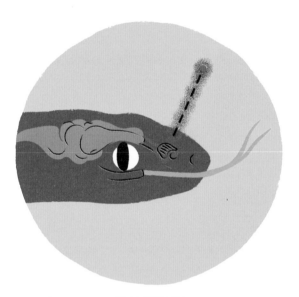

蛇的犁鼻器

大多数爬行动物的听觉很差（尤其是蛇），几乎听不到外界的声音，所以它们很依赖视觉和嗅觉。有些爬行动物有一种叫作犁鼻器的器官，能同时负责味觉和嗅觉。蛇的犁鼻器最发达，它们吐出舌头是为了捕捉气味，并将气味信息传递给犁鼻器处理，以此来搜寻猎物或预知危险。

大壁虎

爬行动物的幼体大部分都是从蛋里孵出来的。这些蛋有的硬，有的软。幼体出生时，会用一颗卵齿刺破蛋壳，然后爬出壳外。不久之后，这颗卵齿就会像人的乳牙一样脱落。

鳄蛋的壳是硬的

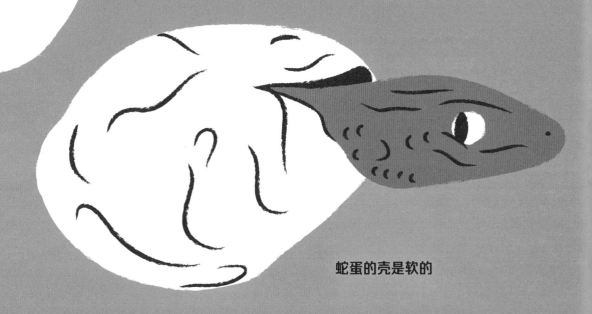

蛇蛋的壳是软的

楔齿蜥的第三只眼

楔齿蜥的头顶上长着一只发育不良的眼睛——第三只眼，就像蛙的顶眼一样，虽然看不见东西，但可以感受光的强弱。

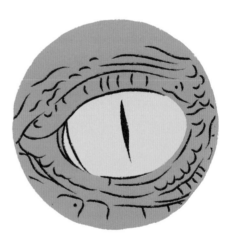

细缝形瞳孔

爬行动物通常视力很好。它们的眼睛有第三层眼睑。它们瞳孔的形状因物种而异。夜行蛇的瞳孔很窄，昼行蛇的瞳孔很圆。狭窄的瞳孔能减少进入眼睛的光线，以免眼睛受到日光的伤害。

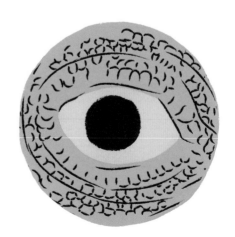

圆形瞳孔

尼罗鳄

鳄虽然生活在水里，但偶尔也会上岸捕猎。鳄的眼睛和耳朵都长在头部上方，便于它们静静地躲在水里观察水面上的情况。

鸟

鸟是恒温动物。恒温动物可以通过完善的体温调节机制来保持体温稳定，从而适应温度不同的环境。正因如此，在世界的很多地方都能见到鸟的踪迹。大多数鸟是会飞的，它们的前肢进化成了翅膀，让它们飞得又快又远，比如隼俯冲时的最高速度可达每小时 389 千米。隼是一类猛禽，擅长从高空俯冲捕猎，敏锐的感官和末端收窄的翅尖让它们俯冲时游刃有余。隼拥有超强的视力，即使在高空飞翔也能看见田野里的田鼠。

游隼的骨架

蜂鸟

蜂鸟主要以吸食花蜜为生。觅食时，它们不停地扇动翅膀，让身体悬停在花朵前，用细长的喙和能伸缩的舌头将花蜜吸入口中。它们振动翅膀的速度非常快，要是不仔细看，甚至都看不出它们在飞。它们具有坚固而轻巧的骨架和发达的胸肌，这能让它们快速地振动翅膀。

蜂鸟的舌头和胸肌

肺和气囊

鸟类的呼吸方式很特别，除了肺，它们还有一种特殊的结构——气囊。气囊能辅助肺完成双重呼吸，帮助鸟类获得更多氧气。同时，气囊能让鸟的身体更加轻盈，还能起到调节体温、协助发声的作用。鸣管是鸟类的发声器官，它能发出各种不同的叫声，帮助鸟类进行沟通。

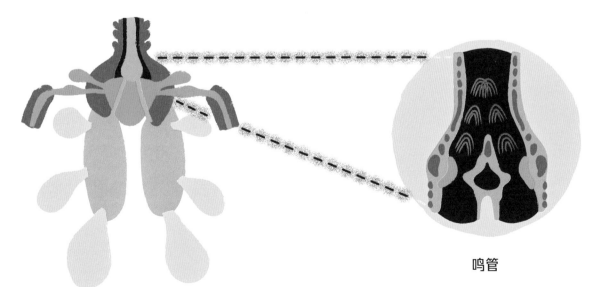

鸣管

企鹅不会飞，却是游泳速度最快的鸟类。企鹅的前肢形状与鱼鳍相似，非常适合划水，为它们前进提供动力。它们的脚趾间有蹼，能用来控制方向。企鹅游泳的最快速度可达每小时 36 千米，比人类的最快速度快了三倍多。

白眉企鹅的骨架

白眉企鹅

鸵鸟也不会飞。它们的翅膀短小，后肢却强壮有力，能在平地上快速奔跑，其中非洲鸵鸟奔跑的速度可达每小时 72 千米，可以和公路上行驶的汽车并驾齐驱。

鸵鸟

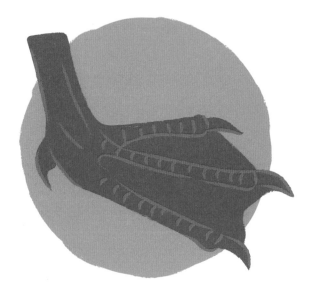

水鸟的脚趾间有蹼

猛禽的脚趾上有钩爪

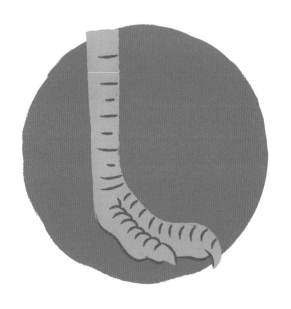

鸵鸟没有朝后的脚趾

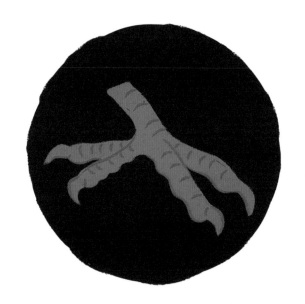

啄木鸟的对趾足

大多数鸟有四个脚趾，但因生活环境的不同，在漫长的演化过程中，它们的脚进化成了不同的形态，以适应捕猎、游泳、奔跑或者攀爬等生存活动。

北美黑啄木鸟

啄木鸟的舌头

啄木鸟用脚趾牢牢抓住树干，用尾部支撑身体，用坚硬的喙在树上凿洞，再用长长的舌头钩出里面的虫子，饱餐一顿。啄木鸟每天不停地用喙敲击树木，但并不会感到头晕目眩，其秘诀在于它们强壮而特殊的头骨结构和颈部发达的肌肉。

在生活中，鸽子很常见，但你见过鸽子给雏鸟喂食吗？包括鸽子在内的一些鸟类有一个储存食物的消化器官——嗉囊，它在食道下部，形状像一个袋子。鸟妈妈或者鸟爸爸先把食物储存在嗉囊里，预先消化，然后再喂给鸟宝宝。

家鸽

鹈鹕在捕食时，会用又大又长的喙把鱼从水中捞起来，就像我们用勺子舀汤一样，然后把鱼储存在喙下又宽又大的喉囊中，整个过程就像渔民用网捕鱼一样。

美洲鹈鹕的喉囊里装着鱼

鹅也是水鸟，喜欢在水中觅食。它们特有的喙在叼起食物的时候，可以将水滤出，把食物吞进肚子里。这是鹅适应环境的一个特点。鹅的羽毛也很适合水上的生活。它们会在羽毛上涂抹油脂，使羽毛防水。鸭和别的水鸟也是如此。因为羽毛湿了会增加它们的体重，让它们无法飞行。

羽毛对于鸟类来说非常重要。鸟类会定期更换羽毛，比如天鹅会一次把全身的羽毛都换掉，在新的羽毛长出来之前是无法飞行的。

这样看来，天上飞的鸟不会是湿漉漉的，也不会是光秃秃的。

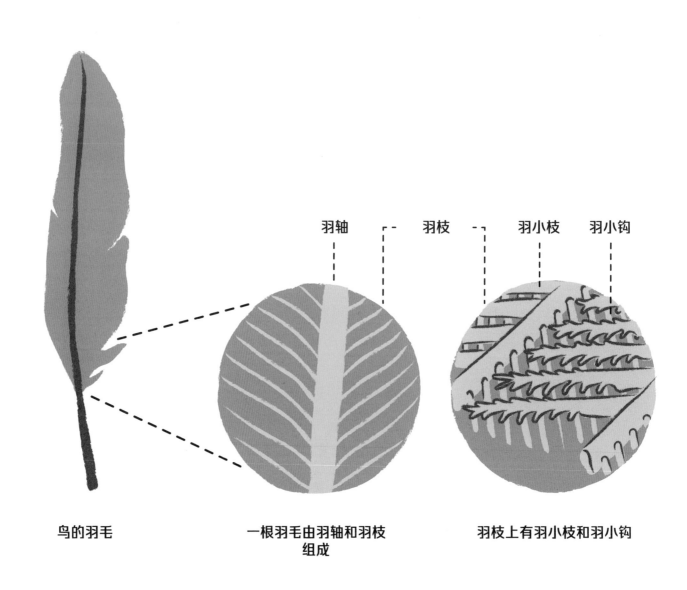

羽轴　　　羽枝　　　羽小枝　　羽小钩

鸟的羽毛

一根羽毛由羽轴和羽枝组成

羽枝上有羽小枝和羽小钩

家鹅

褐几维鸟

64

几维鸟的骨架和腹中的蛋

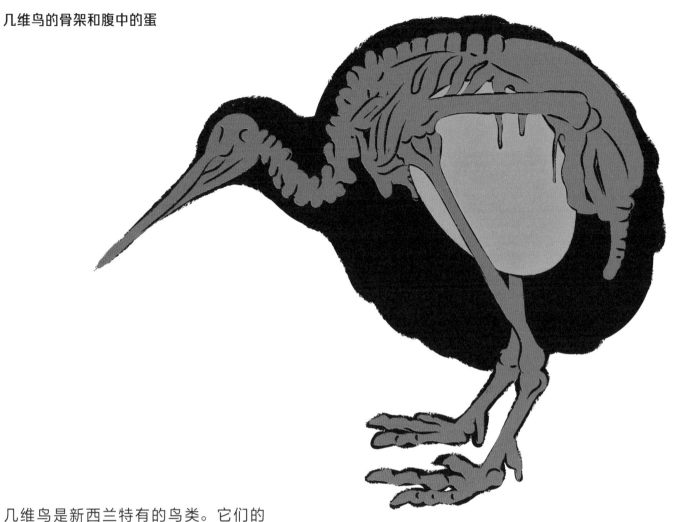

几维鸟是新西兰特有的鸟类。它们的翅膀已经退化，所以我们现在看到的几维鸟都是在地上走的，并不会飞行。

几维鸟和其他鸟类一样是卵生的。与它们娇小的体形相比，几维鸟的蛋可谓是大得惊人，而且蛋黄的占比很高，所以孵化出的小鸟个头很大。小小的几维鸟为什么会产下这么大的蛋，至今还是一个谜。

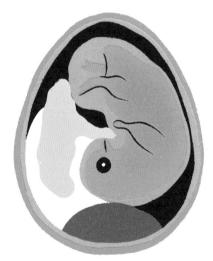

几维鸟的蛋孵化出小鸟
需要 65~90 天

哺乳动物

哺乳动物与鸟类一样，也是恒温动物。哺乳动物通常有头、四肢、躯干和尾巴，多数哺乳动物的体表覆盖着毛皮。哺乳动物和其他动物最大的不同是它们的宝宝以母乳为食。哺乳动物的形态和大小各异，它们遍布世界各地，在水中、空中、地上、地下，甚至你的家中，都能见到它们的身影。哺乳动物的身体也与环境相适应，比如生活在酷热非洲的大个子长颈鹿就可以凭借长长的脖子吃到高处的树叶。不过别看长颈鹿的脖子那么长，它们和我们人类一样，脖子上也只有七块颈椎骨。

« 网纹长颈鹿

网纹长颈鹿的骨架

趾间的蹼

水獭是水生哺乳动物，趾间有蹼。水獭的四肢非常灵活。它们能轻松打开贝类的壳，享用鲜美的贝肉。

水獭的亲戚——海獭

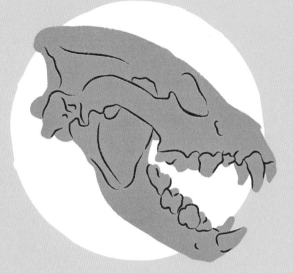

斑鬣狗的头骨

鬣狗是食腐动物，它们以其他食肉动物吃剩下的肉、皮等为食，几乎从不挑食。鬣狗的下颌非常强大，能嚼食骨头。

斑鬣狗

海豹的四肢进化成了鳍的形状，这
有助于它们在水里更好地游来游去。海
豹的耳朵和鼻子拥有神奇的技能，在游
泳时可以自动闭合，以防进水。

港海豹

蝙蝠是唯一真正拥有飞行能力的哺乳动物。果蝠是最大的蝙蝠，它们的两翼展开可达2米，比一个普通成年人的身高还要高。

飞行的果蝠

睡觉的果蝠

带刺的豪猪

雄鹿的角

大多数哺乳动物体表覆盖着毛皮，很多都会随着季节交替而更换。如果你家养过猫或狗，你肯定对这一点深有体会。哺乳动物的毛有很多种表现形式，有些动物的毛特化成刺，比如刺猬和豪猪的刺，其中豪猪的刺还能从身上脱落、扎进敌人的身体里，所以千万不要去招惹它们。有些动物的毛特化成角，比如牛和鹿。

母牛的角

哺乳动物肚子里都有胃，可以用来消化食物。只不过人类只有一个胃，而牛和其他反刍动物有四个胃！

牛

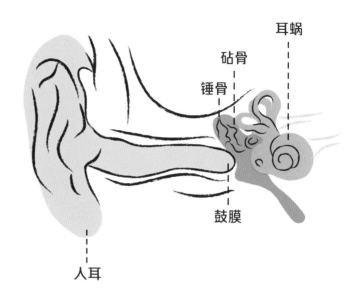

耳蜗

砧骨

锤骨

鼓膜

人耳

« 黑猩猩

　　虽然不同的哺乳动物的感官能力有所差异，但它们大多数都有比较发达的听觉、视觉、嗅觉、触觉和味觉。比如，黑猩猩可以用眼睛观察水果的颜色，还会用嘴里的味蕾品尝水果的味道，并以此判断水果是否成熟。

　　哺乳动物的耳朵也各式各样，但都包含耳蜗、鼓膜、锤骨、砧骨和镫骨等结构。有的哺乳动物可以听到虫子的嗡嗡声、风声、鸟叫声，甚至还可以欣赏音乐。

　　为了交流，哺乳动物可以发出各种各样的声音，这靠的是喉咙中的声带。发声时空气通过喉咙，使得声带振动，从而发出声响。我们人类巧妙掌握了这个技巧，不但能说出各种各样的语言，还能唱出动听的歌曲。

　　别忘了我们人类也是哺乳动物，你可以拿苹果测试一下你的感官，看一看苹果的颜色、摸一摸苹果的表面是否光滑，听一听咬下去时的嘎吱声，再闻一闻苹果的味道吧！

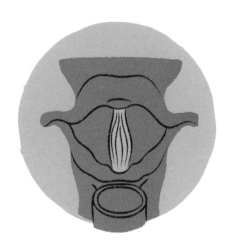

安静时声带不振动

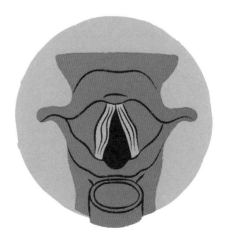

气流通过时声带振动发声

地球上最大的
动物——蓝鲸

世界上声音最大的动物是鲸，鲸的声音可以在
海里传播很远。鲸是一种水生哺乳动物，长得像鱼，
但并不是鱼，它必须不时地浮上水面来呼吸空气。

哺乳动物的幼崽通常是在妈妈的肚子里发育成形的。有袋动物与其他哺乳动物不同，它们的宝宝在出生后会在妈妈的育儿袋里住一段时间，等发育到了一定程度再下地，澳大利亚特有的袋鼠就是这样。

袋鼠妈妈和袋鼠宝宝

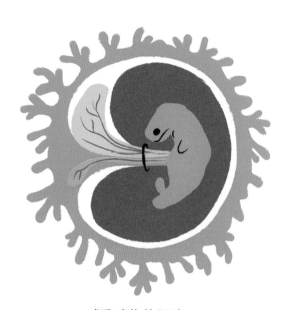

哺乳动物的胚胎

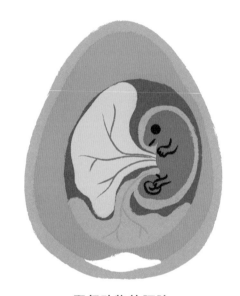

爬行动物的胚胎

　　鸭嘴兽是哺乳动物中的一个例外，它们像鸟一样下蛋，还长了一张鸟一样的嘴，但是幼崽孵出来之后还是要吃母乳的。

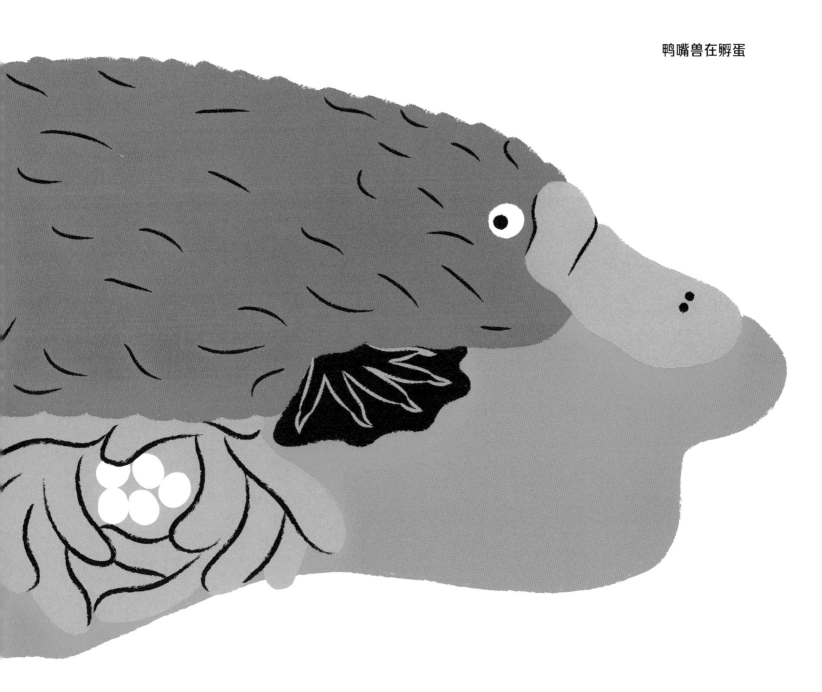

　　鸭嘴兽并不会像其他哺乳动物那样用乳房给宝宝喂奶，它的乳汁从腹部的凹槽里流出，这样鸭嘴兽宝宝就可以舔食了。鸭嘴兽是为数不多会分泌毒液的哺乳动物。毒液主要来自雄性鸭嘴兽脚掌下面的毒刺，虽然这种毒液对人类并不致命，但也可以让你痛到号啕大哭。如果你想亲眼看看野生鸭嘴兽这种与众不同的哺乳动物，只能去澳大利亚的东部找一找。

图书在版编目（CIP）数据

多姿多彩的脊椎动物 /（捷克）玛丽·科塔索娃·亚当科娃，（捷克）汤姆·维尔科夫斯基著；（捷克）巴博拉·伊德索娃绘；马灏译. -- 北京：科学普及出版社，2024.2

ISBN 978-7-110-10669-3

Ⅰ.①多… Ⅱ.①玛… ②汤… ③巴… ④马… Ⅲ.①脊椎动物门—儿童读物 Ⅳ.①Q959.3-49

中国国家版本馆CIP数据核字（2023）第239074号

北京市版权局著作权合同登记　图字：01-2022-6219

多姿多彩的脊椎动物
DUOZI-DUOCAI DE JIZHUI DONGWU

策划编辑：李世梅	封面设计：佳　希
责任编辑：李世梅	责任校对：吕传新
助理编辑：刘　岩　王丝桐	责任印制：马宇晨
版式设计：巫　粲	

出版：科学普及出版社　　　　　　　　　　　邮编：100081
发行：中国科学技术出版社有限公司发行部　　发行电话：010-62173865
地址：北京市海淀区中关村南大街 16 号　　　传真：010-62173081
网址：http://www.cspbooks.com.cn

开本：787 mm × 1092 mm　1/12
印张：7⅓　　　　　　　　　　　　　　　　　字数：150 千字
版次：2024 年 2 月第 1 版　　　　　　　　　印次：2024 年 2 月第 1 次印刷
印刷：北京博海升彩色印刷有限公司

书号：ISBN 978-7-110-10669-3 / Q·298　　　　定价：78.00 元

（凡购买本社图书，如有缺页、倒页、脱页者，本社发行部负责调换）

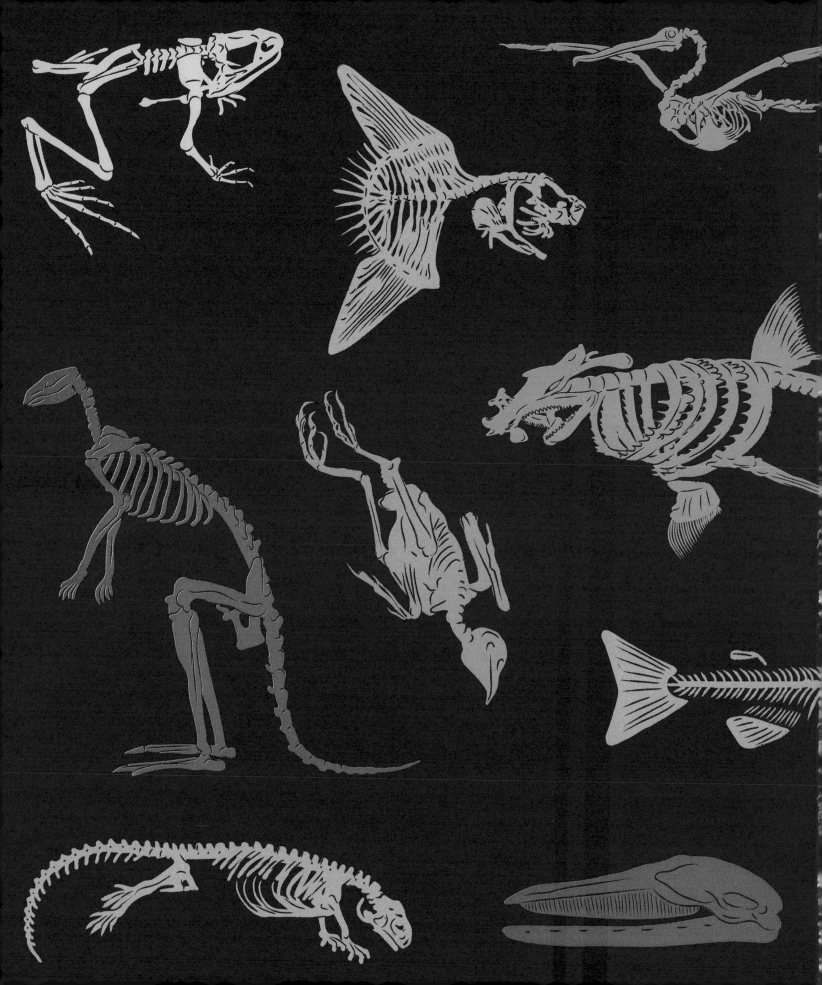